Le signe du Bélier est le premier signe du zodiaque, symbolisant le début de l'année astrologique. Les personnes nées entre le 21 mars et le 20 avril sont des Béliers. Dirigés par la planète Mars, les Béliers sont connus pour leur énergie, leur dynamisme et leur esprit d'initiative.

Caractère des Béliers : Les Béliers sont des individus passionnés, déterminés et intrépides. Ils ont une personnalité audacieuse et aiment relever les défis. Leur énergie inépuisable les pousse à agir rapidement et à prendre des décisions spontanées. Les Béliers sont des leaders naturels et ils aiment être à l'avant-garde, prêts à conquérir de nouveaux territoires. Ils ont une confiance en eux remarquable, qui peut parfois les pousser à être têtus et à ignorer les opinions des autres.

Qualités des Béliers : Courage et énergie : Les Béliers sont connus pour leur courage intrépide. Ils n'ont pas peur de prendre des risques et d'affronter les défis avec détermination. Ils sont souvent admirés pour leur capacité à surmonter les obstacles avec confiance.

Initiative et détermination : Les Béliers sont des pionniers, prêts à prendre l'initiative et à ouvrir de nouvelles voies. Leur nature détermine leur permet de poursuivre leurs objectifs avec passion et persévérance. Ils ont la capacité de transformer leurs idées en actions concrètes.

Indépendance et leadership : Les Béliers ont une forte indépendance d'esprit et aiment prendre les devants. Ils ont un fort sens du leadership et sont souvent à l'avant-garde des projets et des initiatives. Leur capacité à inspirer les autres et à les motiver en fait des leaders naturels.

TAUREAU
AVRIL
TAURUS
ARIES
CANCER
PISCES
GEMINI
69
AQUARIUS
LEO
CAPRICO
VIRGO
SAGITTARIUS
LIBRA
T
MAI

Astrologie Couleur

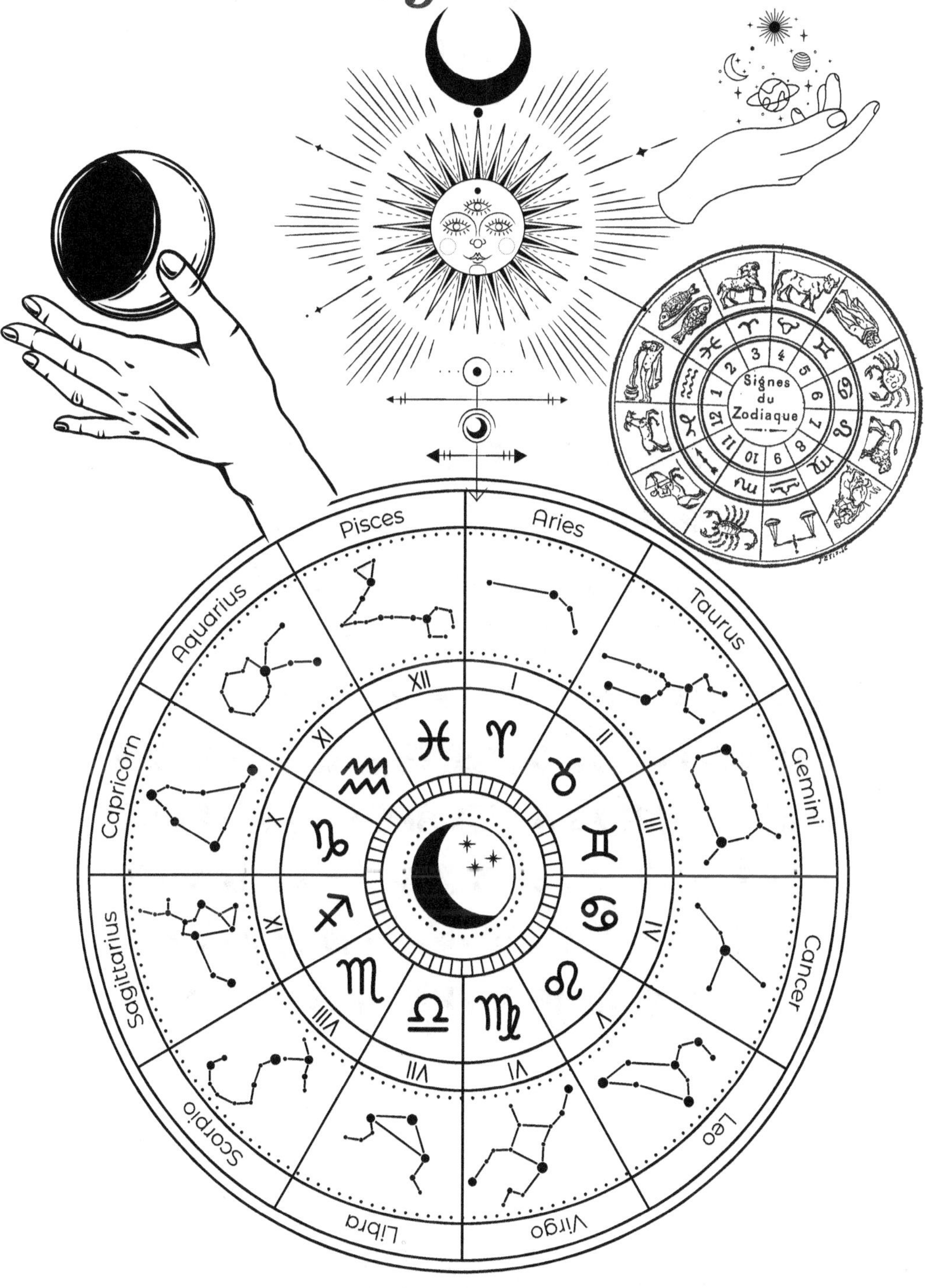

Ce carnet appartient à

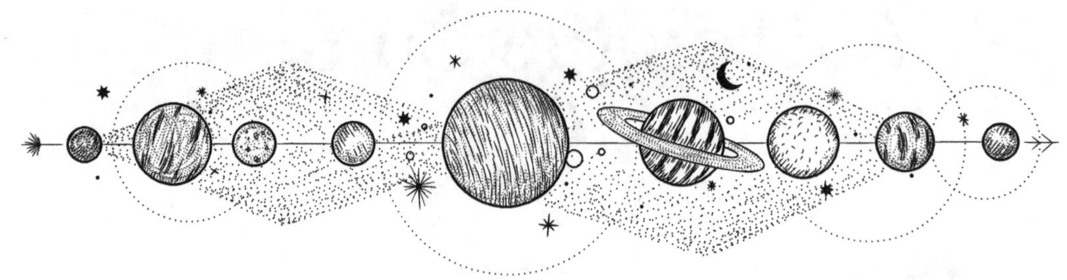

BÉLIER 21 MARS – 20 AVRIL

TAUREAU 21 AVRIL – 21 MAI

GÉMEAUX 22 MAI – 21 JUIN

CANCER 22 JUIN – 22 JUILLET

LION 23 JUILLET – 22 AOÛT

VIERGE 23 AOÛT – 22 SEPTEMBRE

BALANCE   23 SEPTEMBRE – 22 OCTOBRE

SCORPION   23 OCTOBRE – 22 NOVEMBRE

SAGITTAIRE 23 NOVEMBRE – 21 DÉCEMBRE

CAPRICORNE 22 DÉCEMBRE – 20 JANVIER

VERSEAU 21 JANVIER – 18 FÉVRIER

POISSONS 19 FÉVRIER – 20 MARS

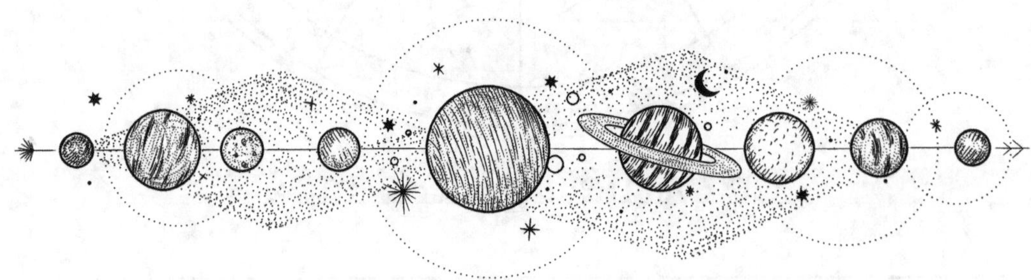

Astrologie mode
FASHION

BÉLIER
MARS
AVRIL
B
AQUARIUS
PISCES
CAPRICORN
ARIES
SAGITTARIUS
TAURUS
SCORPIO
CANCER
LIBRA
GEMINI

Le signe du Taureau est le deuxième signe du zodiaque, symbolisant la stabilité et la persévérance. Les personnes nées entre le 21 avril et le 21 mai sont des Taureau dirigés par la planète Vénus, les Taureaux sont connus pour leur détermination et leur sensualité.

Caractère des Taureaux : Les Taureaux sont des individus fiables, patients et terre-à-terre. Ils ont une nature calme et tranquille, mais également une grande résistance. Les Taureaux sont réputés pour leur fort sens des valeurs et leur attachement à la stabilité. Ils ont un lien profond avec la nature et apprécient les plaisirs simples de la vie. Les Taureaux sont souvent têtus et persistants, ce qui peut être perçu à la fois comme une force et une faiblesse.

Qualités des Taureau : Stabilité et constance : Les Taureau sont connus pour leur stabilité et leur constance. Ils sont fiables dans leurs relations et responsables dans leurs engagements. Ils sont souvent perçus comme des piliers de soutien pour leur entourage, offrant une présence solide et rassurante.

Persévérance et détermination : Les Taureau sont persévérants dans la poursuite de leurs objectifs. Ils sont prêts à travailler dur et à faire preuve de détermination pour atteindre ce qu'ils désirent. Leur nature tenace leur permet de surmonter les obstacles et de réaliser leurs ambitions.

Sensualité et appréciation des plaisirs : Les Taureau ont un amour profond pour les plaisirs sensoriels. Ils savent apprécier les joies simples de la vie, tels que la bonne nourriture, la musique, l'art et le confort matériel. Ils sont souvent sensuels dans leurs relations et ont une appréciation pour les expériences sensorielles

GÉMEAUX

MAI
JUIN
G
GEMINI
CANCER
TAURUS
ARIES
PISCES
LEO
VIRGO
LIBRA
SCORPIO

Le signe des Gémeaux est le troisième signe du zodiaque, symbolisant la communication et l'adaptabilité. Les personnes nées entre le 22 mai et le 21 juin sont des Gémeaux. Dirigés par la planète Mercure, les Gémeaux sont connus pour leur curiosité, leur vivacité d'esprit et leur adaptabilité.

Caractère des Gémeaux : Les Gémeaux sont des individus vifs d'esprit, communicatifs et polyvalents. Ils ont une personnalité enjouée et aiment échanger des idées avec les autres. Les Gémeaux sont souvent perçus comme étant sociables et charmants, avec une facilité naturelle pour communiquer. Ils ont soif de connaissances et sont restés à la recherche de nouvelles expériences.

Qualités des Gémeaux : Adaptabilité et flexibilité : Les Gémeaux sont connus pour leur capacité à s'adapter rapidement aux situations et aux personnes. Ils sont flexibles dans leur approche de la vie et peuvent facilement changer de direction en fonction des circonstances. Leur nature adaptable les rend capables de s'ajuster à différents environnements et de nouer des liens avec diverses personnes.

Curiosité et intellect : Les Gémeaux sont extrêmement curieux et ont un esprit vif. Ils ont une soif insatiable de connaissances et apprennent de nouvelles choses. Leur esprit analytique et leur capacité à assimiler rapidement l'information leur permettent de saisir des concepts complexes avec facilité.

Expression et communication : Les Gémeaux excellent dans l'art de la communication. Ils ont un don pour exprimer leurs idées de manière claire et persuasive. Ils peuvent facilement se connecter avec les autres grâce à leur capacité à trouver les mots justes. Les Gémeaux sont souvent doués pour les langues et ont un talent pour la communication écrite et orale.

CANCER
JUIN
GEMINI
CANCER
TAURUS
ARIES
LEO
PISCES
VIRGO
AQUARIUS
CAPRICORN
LIBRA
SCORPIO
SAGITTARIUS
JUILLET
C

Le signe du Cancer est le quatrième signe du zodiaque, symbolisant la sensibilité et la protection. Les personnes nées entre le 22 juin et le 22 juillet sont des Cancers. Dirigés par la Lune, les Cancers sont connus pour leur nature émotionnelle, leur empathie et leur attachement à leur foyer.

Caractère des Cancers : Les Cancers sont des individus sensibles, intuitifs et attentionnés. Ils sont profondément attachés à leur famille et à leur foyer, et accordent une grande importance aux relations émotionnelles. Les Cancers ont souvent une nature protectrice et ont tendance à être à l'écoute des besoins des autres. Ils sont également connus pour leur grande sensibilité émotionnelle, ce qui les rend empathiques envers les autres.

Qualités des Cancers : Empathie et compassion : Les Cancers ont une grande capacité à ressentir les émotions des autres et à les comprendre. Ils sont souvent empathiques et prêts à soutenir ceux qui en ont besoin. Leur sensibilité les rend attentionnés et bienveillants envers les autres.

Fidélité et attachement familial : Les Cancers sont profondément attachés à leur famille et à leur foyer. Ils accordent une grande importance à la stabilité émotionnelle et sont souvent des piliers de soutien pour leurs proches. Leur loyauté envers ceux qu'ils aiment est une qualité précieuse pour les Cancers.

Intuition et imagination : Les Cancers sont souvent guidés par leur intuition. Ils ont une grande imagination et peuvent être créatifs dans divers domaines artistiques. Leur sensibilité émotionnelle les aide à se connecter avec leur imagination et à exprimer leurs émotions de manière artistique.

LION

JUILLET
LEO
GEMINI
VIRGO
CANCER
LIBRA
TAURUS
SCORPIO
ARIES
AOÛT
L

Le signe du Lion est le cinquième signe du zodiaque, symbolisant la loyauté et la créativité. Les personnes nées entre le 23 juillet et le 22 août sont des Lions. Dirigés par le Soleil, les Lions sont connus pour leur charisme, leur confiance en eux et leur désir de briller.

Caractère des Lions : Les Lions sont des individus fiers, passionnés et pleins d'assurance. Ils ont une personnalité flamboyante et aiment être au centre de l'attention. Les Lions ont une grande confiance en eux et sont souvent perçus comme des leaders naturels. Ils ont un charisme naturel qui leur permet de briller dans tous les domaines de leur vie. Parfois, leur fierté peut les rendre arrogants ou nécessiter une attention constante.

Qualités des Lions : Charisme et leadership : Les Lions ont un charisme magnétique qui les distingue. Ils ont une présence dominante et sont souvent considérés comme des leaders naturels. Leur confiance en eux et leur capacité à inspirer les autres les rend aptes à prendre des responsabilités importantes.

Créativité et passion : Les Lions sont porteurs d'une grande créativité et d'une passion débordante. Ils ont un sens artistique développé et peuvent exceller dans les domaines de l'art, du théâtre, de la musique et de l'expression créative. Leur enthousiasme contagieux peut les rendre inspirants pour ceux qui les entourent.

Générosité et loyauté : Les Lions sont généreux de nature et ont un grand cœur. Ils sont prêts à aider les autres et à soutenir ceux qui comptent pour eux. Leur loyauté envers leurs proches est une qualité précieuse et ils sont prêts à défendre et protéger ceux qu'ils aiment.

AOÛT
LEO
VIRGO
GEMINI
CANCER
LIBRA
TAURUS
SCORPIO
ARIES
SAGITTARIUS
CAPRICORN
VIERGE
SEPTEMBRE
V

Le signe de la Vierge est le sixième signe du zodiaque, symbolisant la précision et la diligence. Les personnes nées entre le 23 août et le 22 septembre sont des Vierges. Dirigées par la planète Mercure, les Vierges sont connues pour leur esprit analytique, leur organisation et leur souci du détail.

Caractère des Vierges : Les Vierges sont des individus méthodiques, pratiques et attentifs. Ils ont une approche analytique de la vie et ont tendance à être méticuleux dans tout ce qu'ils entreprennent. Les Vierges ont un sens aigu du discernement et une capacité à voir les détails que d'autres peuvent négliger. Ils sont souvent perçus comme étant fiables et responsables, et ils s'efforcent d'atteindre l'excellence dans tout ce qu'ils font. Parfois, leur perfectionnisme peut les trop rendre critiques, y compris envers eux-mêmes.

Qualités des Vierges : Rationalité et intelligence pratique : Les Vierges ont une intelligence pratique et rationnelle. Ils sont capables d'analyser les situations de manière objective et de trouver des solutions pratiques. Leur esprit organisé et logique leur permet de gérer efficacement les tâches et les problèmes.

Fiabilité et précision : Les Vierges sont connus pour leur fiabilité et leur souci du détail. Ils accordent une grande importance à la qualité et s'efforcent de faire les choses correctement. Leur approche consciencieuse leur permet d'accomplir leurs responsabilités avec précision et de fournir un travail de qualité.

Modestie et humilité : Les Vierges ont tendance à être modestes et réservées. Ils ne cherchent pas à attirer l'attention sur eux-mêmes, mais préfèrent travailler dans l'ombre pour atteindre leurs objectifs. Leur humilité les pousse à être discrets quant à leurs réalisations.

BALANCE
SEPTEMBRE
LIBRA
VIRGO
SCORPIO
LEO
SAGITTARIUS
GEMINI
CAPRICORN
CANCER
OCTOBRE
B

Le signe de la balance est le septième signe du zodiaque, symbolisant l'harmonie et l'équilibre. Les personnes nées entre le 23 septembre et le 22 octobre sont des Balances. Dirigées par la planète Vénus, les Balances sont connus pour leur sens de la justice, leur diplomatie et leur quête d'harmonie.

Caractère des Balances : Les Balances sont des individus charmants, sociables et diplomates. Ils ont un fort sens de l'équité et détestent les conflits. Les balances sont souvent perçus comme étant aimables et pacifiques, cherchant à établir des relations harmonieuses avec les autres. Ils sont renvoyés d'un esprit impartial et ont un talent pour trouver des compromis. Parfois, leur recherche constante d'équilibre peut les rendre indécis ou enclins à éviter les confrontations.

Qualités des Balances : Diplomatie et justice : Les Balances sont des diplomates naturels. Ils ont une grande capacité à résoudre les conflits et à trouver des solutions équitables. Leur sens de la justice les pousse à prendre en compte les opinions et les besoins de tous les individus impliqués.

Sociabilité et charme : Les Balances sont sociables et apprécient la compagnie des autres. Ils ont un charme naturel qui les rend aimables et agréables à côtoyer. Ils ont une facilité à créer des liens harmonieux avec les autres.

Esthétisme et équilibre : Les Balances sont caractérisés par la beauté et l'harmonie esthétique. Ils apprécient l'art, la musique et les environnements équilibrés. Les Balances ont un œil pour l'esthétisme et cherchent à créer un environnement équilibré et agréable.

OCTOBRE
LIBRA
SCORPIO
VIRGO
SAGITTARIUS
LEO
CAPRICORN
GEMINI
CANCER
PISCES
NOVEMBRE
SCORPION

Le signe du Scorpion est le huitième signe du zodiaque, symbolisant l'intensité et la transformation. Les personnes nées entre le 23 octobre et le 22 novembre sont des Scorpions. Dirigés par les planètes Mars et Pluton, les Scorpions sont connus pour leur détermination, leur passion et leur profondeur émotionnelle.

Caractère des Scorpions : Les Scorpions sont des individus puissants, mystérieux et énigmatiques. Ils ont une personnalité intense et sont souvent guidés par leurs émotions profondes. Les Scorpions ont une grande volonté et une détermination inébranlable pour atteindre leurs objectifs. Ils sont très observateurs et ont un instinct aigu pour détecter les mensonges ou les intentions cachées. Les Scorpions ont une nature réservée et préfèrent garder une certaine part de mystère autour d'eux.

Qualités des Scorpions : Passion et persévérance : Les Scorpions sont passionnés et fournis dans tout ce qu'ils entreprennent. Ils sont capables de se plonger avec persévérance dans leurs intérêts et de persévérer pour atteindre leurs objectifs. Leur énergie intense et leur détermination les aident à surmonter les obstacles qui se dressent sur leur chemin.

Profondeur émotionnelle et intuition : Les Scorpions ont une sensibilité émotionnelle profonde et sont très intuitifs. Ils sont capables de ressentir les émotions des autres et de percevoir les motivations cachées. Leur intuition les guide souvent vers la vérité et ils ont un sixième sens développé pour les situations complexes.

Capacité de transformation : Les Scorpions sont associés à la transformation et au renouveau. Ils ont une capacité innée à se réinventer et à évaluer. Les Scorpions peuvent vaincre les difficultés et les épreuves de la vie grâce à leur force intérieure et à leur volonté de changer et de grandir.

SAGITTAIRE
NOVEMBRE
DÉCEMBRE
SCORPIO
LIBRA
SAGITTARIUS
VIRGO
CAPRICORN
LEO
AQUARIUS
GEMINI
PISCES
ARIES
S

Le signe du Sagittaire est le neuvième signe du zodiaque, symbolisant l'expansion et la recherche de sens. Les personnes nées entre le 23 novembre et le 21 décembre sont des Sagittaires. Dirigés par la planète Jupiter, les Sagittaires sont connus pour leur optimisme, leur curiosité et leur soif d'aventure.

Caractère des Sagittaires : Les Sagittaires sont des individus optimistes, enthousiastes et aventureux. Ils ont un esprit libre et aiment explorer de nouveaux horizons, tant physiquement que mentalement. Les Sagittaires sont souvent porteurs d'un grand sens de l'humour et ont une joie de vivre contagieuse. Ils sont également connus pour leur franchise et leur honnêteté, même si cela peut parfois les amener à manquer de tact.

Qualités des Sagittaires : Optimisme et confiance : Les Sagittaires sont optimistes de nature et ont confiance en eux. Ils voient les opportunités plutôt que les obstacles et sont prêts à relever les défis avec un esprit positif. Leur optimisme rayonne autour d'eux et inspire les autres à voir le bon côté des choses.

Curiosité et quête de sens : Les Sagittaires sont curieux et ont soif de connaissances. Ils aiment explorer de nouveaux sujets, cultures et idées. Les Sagittaires sont souvent en quête de sens et de vérité, cherchant à élargir leurs horizons et à trouver un sens plus profond à leur existence.

Aventure et indépendance : Les Sagittaires sont des aventuriers dans l'âme. Ils aiment prendre des risques calculés et sont attirés par l'inconnu. Les Sagittaires ont un fort désir d'indépendance et de liberté, ce qui les pousse à chercher de nouvelles expériences et à repousser les limites de leur confort.

CAPRICORNE
DÉCEMBRE
JANVIER
AQUARIUS
PISCES
ARIES
TAURUS
CANCER
CAPRICORN
SAGITTARIUS
SCORPIO
LIBRA
VIRGO

Le signe du Capricorne est le dixième signe du zodiaque, symbolisant l'ambition et la persévérance. Les personnes nées entre le 22 décembre et le 20 janvier sont des Capricornes. Dirigés par la planète Saturne, les Capricornes sont connus pour leur détermination, leur sens des responsabilités et leur esprit pratique.

Caractère des Capricornes : Les Capricornes sont des individus ambitieux, disciplinés et résilients. Ils ont un fort sens des responsabilités et s'efforcent de réaliser leurs objectifs avec persévérance. Les Capricornes sont réputés pour leur sérieux et leur attitude pragmatique envers la vie. Ils sont organisés et ont une grande capacité à élaborer des plans concrets pour atteindre leurs aspirations. Parfois, leur nature sérieuse peut les amener à être émotionnellement réservés et à se concentrer davantage sur le travail que sur les relations personnelles.

Qualités des Capricornes : Ambition et réussite : Les Capricornes sont connus pour leur ambition et leur désir de réussir. Ils sont prêts à travailler dur et à relever les défis pour atteindre leurs objectifs. Les Capricornes ont une grande capacité à gravir les échelons et à obtenir des résultats concrets dans leur carrière ou leurs projets personnels.

Stabilité et fiabilité : Les Capricornes sont fiables et stables. Ils sont reconnus pour leur capacité à tenir leurs engagements et à respecter leurs responsabilités. Les Capricornes sont souvent des piliers solides dans les relations personnelles et professionnelles, offrant un soutien constant et une présence fiable.

Sagesse et pragmatisme : Les Capricornes ont une sagesse innée et un esprit pragmatique. Ils ont une approche réaliste de la vie et sont capables de prendre des décisions réfléchies et judicieuses. Les Capricornes ont une bonne compréhension des conséquences de leurs actions et préfèrent prendre des décisions fondées sur des faits concrets.

VERSEAU
JANVIER
FÉVRIER
AQUARIUS
PISCES
ARIES
TAURUS
CANCER
GEMINI
CAPRICORN
SAGITTARIUS
SCORPIO
LIBRA
V

Le signe du Verseau est le onzième signe du zodiaque, symbolisant l'originalité et l'innovation. Les personnes nées entre le 21 janvier et le 18 février sont des Verseaux. Dirigés par la planète Uranus, les Verseaux sont connus pour leur esprit indépendant, leur créativité et leur idéalisme.

Caractère des Verseaux : Les Verseaux sont des originaux, excentriques et non conventionnels. Ils ont un esprit libre et une grande ouverture d'esprit. Les Verseaux ont une vision unique du monde et sont souvent en avance sur leur temps. Ils ont une soif de connaissances et une curiosité intellectuelle qui les poussent à explorer de nouveaux horizons. Les Verseaux sont également très sociables et apprécient la diversité des idées et des personnes.

Qualités des Verseaux : Indépendance et originalité : Les Verseaux sont profondément indépendants et aiment suivre leur propre voie. Ils ne craignent pas de défier les normes établies et ont souvent des idées innovantes. Les Verseaux sont prêts à prendre des risques et à explorer de nouvelles possibilités, même si cela signifie se démarquer des autres.

Créativité et altruisme : Les Verseaux sont porteurs d'une grande créativité et d'un esprit visionnaire. Ils ont souvent des idées novatrices et cherchent à apporter des changements positifs dans le monde qui les entoure. Les Verseaux sont également connus pour leur sens de l'altruisme et leur préoccupation pour le bien-être des autres.

Mentalité progressiste et humanitaire : Les Verseaux ont une mentalité progressiste et sont préoccupés par les questions sociales. Ils sont souvent engagés dans des causes humanitaires et cherchent à améliorer la société de manière globale. Les Verseaux ont un profond respect pour la diversité et la liberté individuelle.

POISSONS
FÉVRIER
ARIES
PISCES
TAURUS
AQUARIUS
CANCER
CAPRICORN
GEMINI
SAGITTARIUS
SCORPIO
LEO
P
MARS

Le signe des Poissons est le douzième et dernier signe du zodiaque, symbolisant la compassion et la sensibilité. Les personnes nées entre le 19 février et le 20 mars sont des Poissons. Dirigés par la planète Neptune, les Poissons sont connus pour leur nature intuitive, leur imagination débordante et leur empathie.

Caractère des Poissons : Les Poissons sont des individus sensibles, empathiques et émotionnellement profonds. Ils ont une grande capacité à ressentir et à comprendre les émotions des autres. Les Poissons sont souvent des rêveurs, vivant dans leur monde imaginaire. Ils sont créatifs et ont un penchant pour les arts, la musique et la poésie. Les Poissons sont également connus pour leur gentillesse et leur volonté d'aider les autres, parfois au détriment de leurs propres besoins.

Qualités des Poissons : Compassion et empathie : Les Poissons sont extrêmement compatissants et empathiques. Ils sont capables de se mettre à la place des autres et de souffrir profondément leurs émotions. Les Poissons sont souvent des oreilles attentives et des épaules sur lesquelles s'appuient pour ceux qui ont besoin de réconfort.

Imagination et créativité : Les Poissons ont une imagination débordante et ont une grande créativité. Ils ont un lien étroit avec le monde des rêves et de l'imaginaire, ce qui les rend souvent artistiques et expressifs dans leurs modes d'expression. Les Poissons peuvent canaliser leur créativité dans diverses formes d'art, ce qui leur permet de s'évader et de se connecter avec leur monde intérieur.

Sagesse spirituelle et intuition : Les Poissons sont souvent connectés à une sagesse spirituelle plus profonde. Ils ont une intuition développée et une capacité à percevoir les choses au-delà de ce qui est visible. Les Poissons peuvent être constitués par les pratiques spirituelles et sont souvent en quête de sens et de connexion avec quelque chose de plus grand qu'eux.

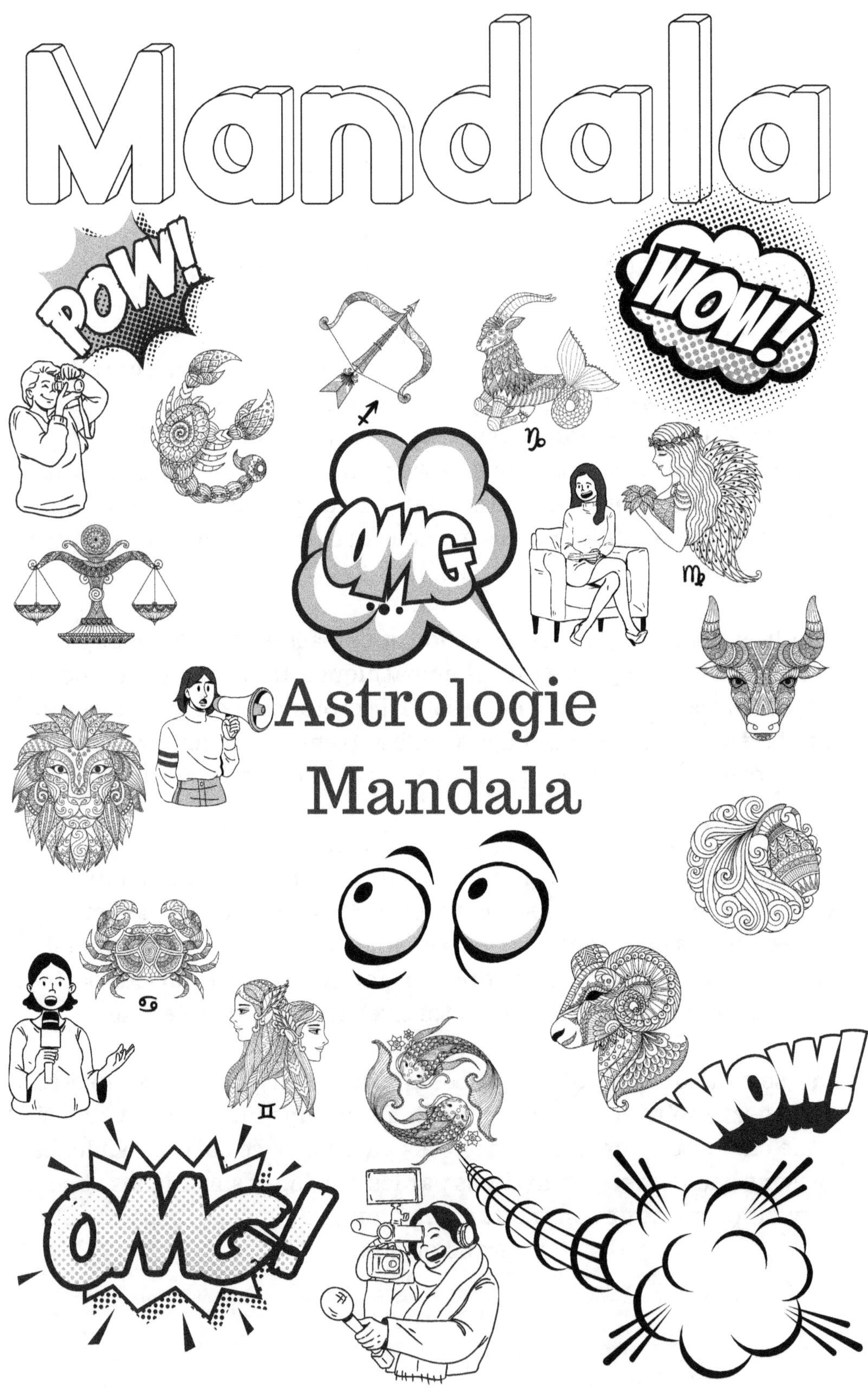

Mandala
POW!
WOW!
OMG
Astrologie
Mandala
OMG!
WOW!

BÉLIER

TAUREAU

GÉMEAUX

CANCER

LION

VIERGE

BALANCE

SCORPION

SAGITTAIRE

CAPRICORNE

VERSEAU

POISSONS

Astrologie
Femme

BÉLIER

Aries

TAUREAU

Taurus

GÉMEAUX

Gemini

CANCER

Cancer

LION

Leo

VIERGE

Virgo

BALANCE

Libra

SCORPION

Scorpio

SAGITTAIRE

Sagittarius

CAPRICORNE

Capricorn.

VERSEAU

Aquarius

POISSONS

Pisces

Astrologie Constellation

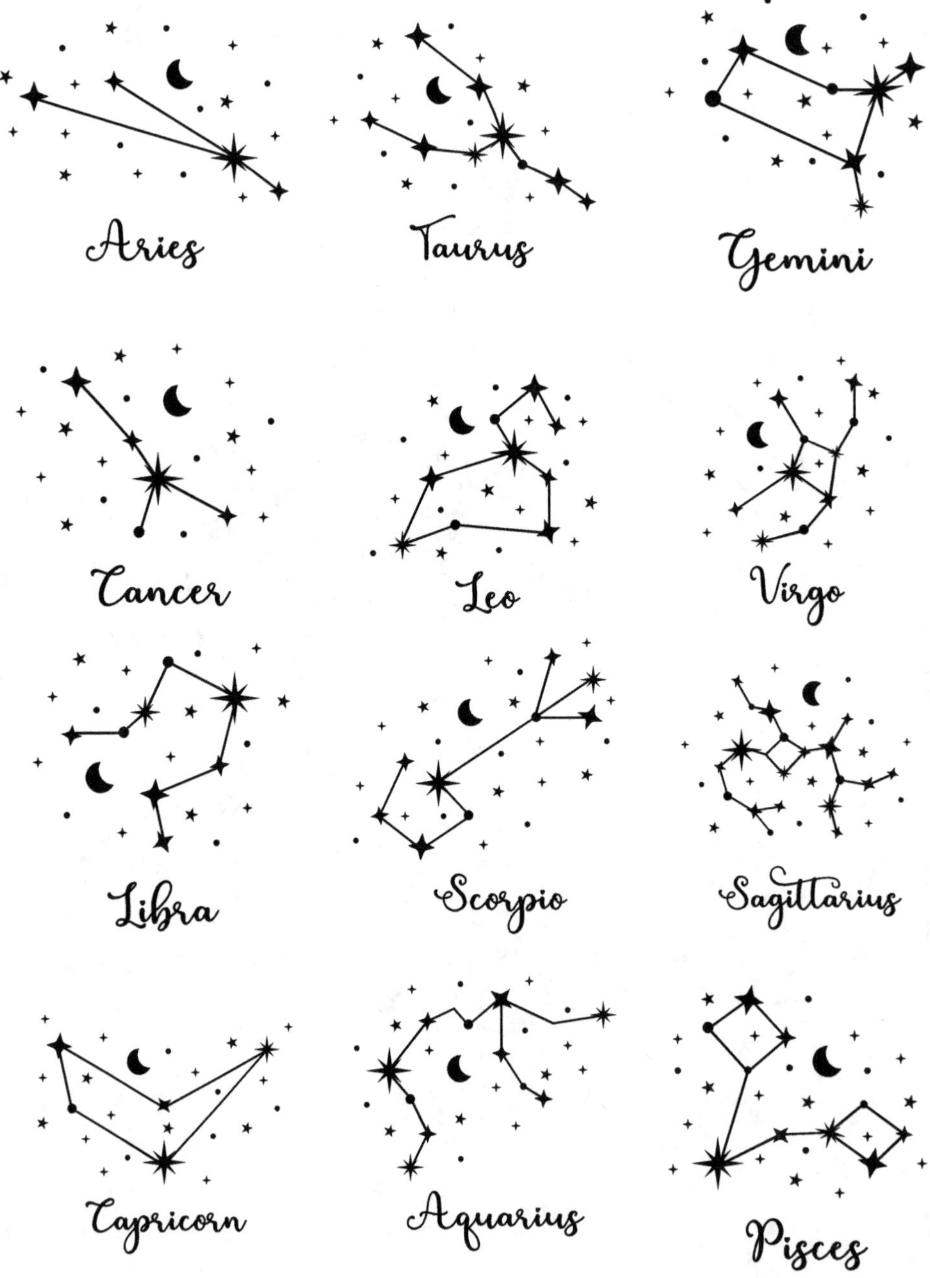

BÉLIER

TAUREAU

gémeaux

CANCER

LION

VIERGE

BALANCE

SCORPION

SAGITTAIRE

CAPRICORNE

VERSEAU

POISSONS

Astrologie Géométrie

Aries

Taurus

Gemini

Cancer

Leo

Virgo

Libra

Scorpio

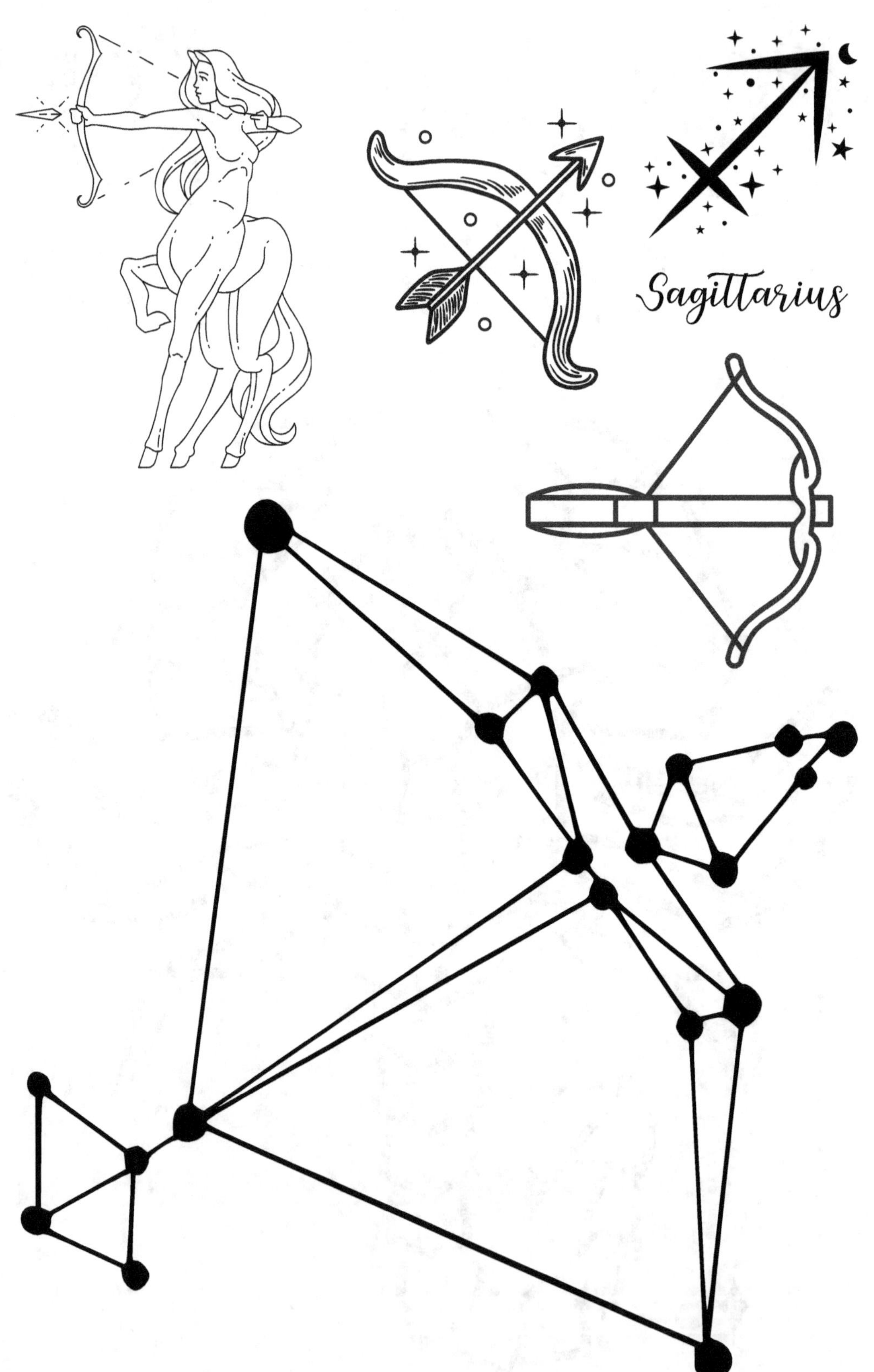
Sagittarius

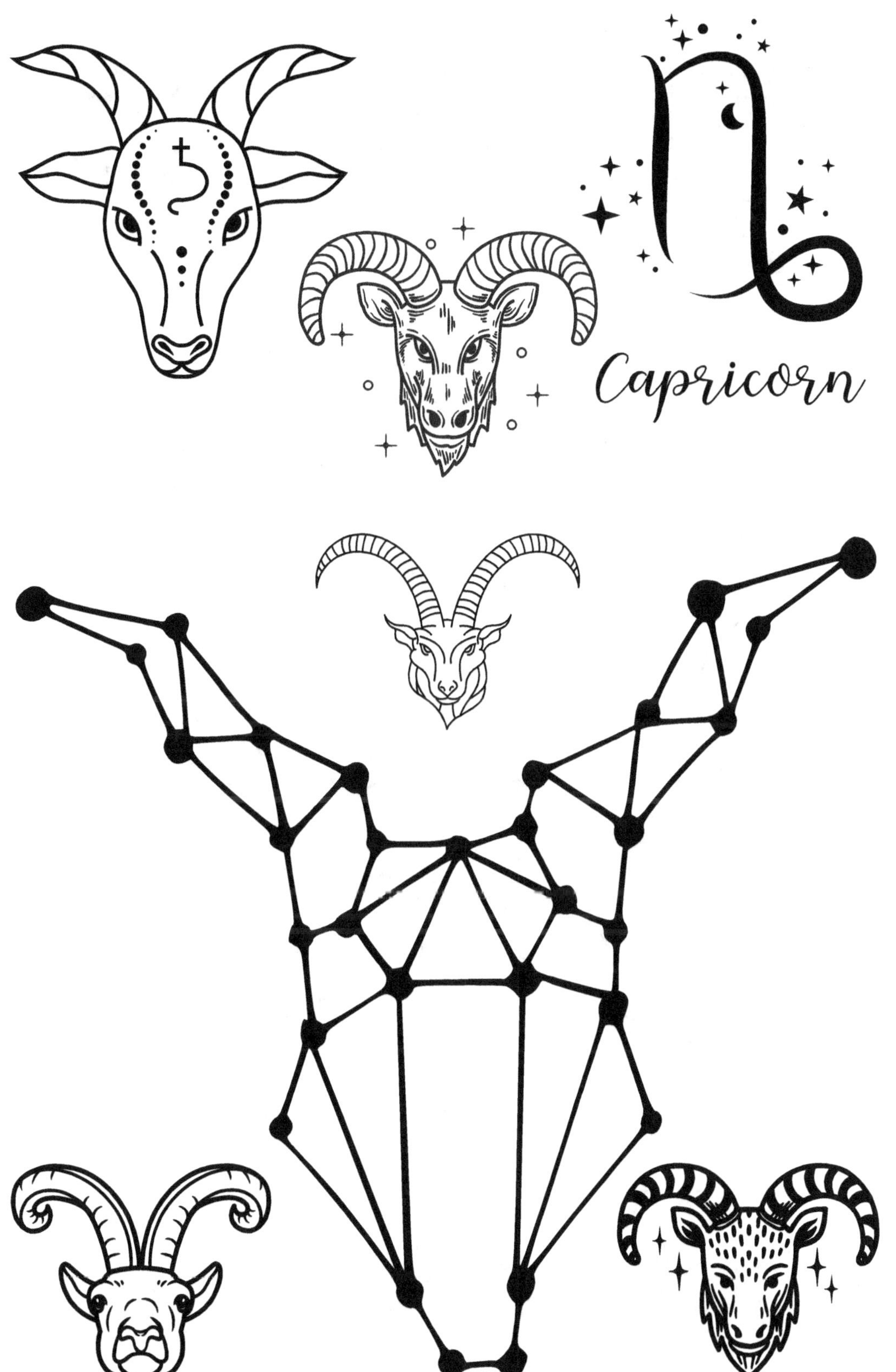
Capricorn

Aquarius

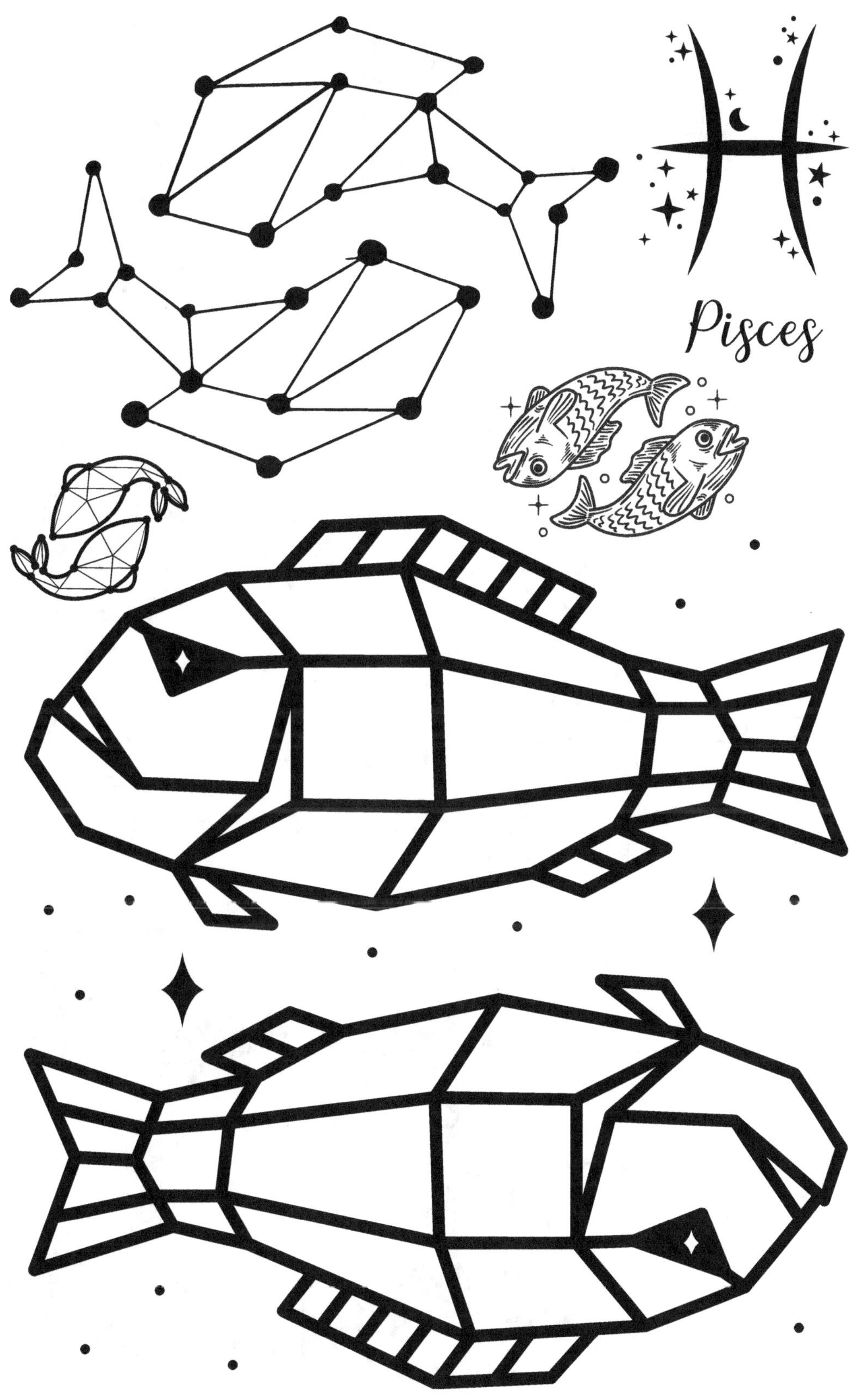

Pisces

Astrologie
Homme

BÉLIER

TAUREAU

GÉMEAUX

CANCER

LION
L

VIERGE

BALANCE
B

SCORPION

SAGITTAIRE

CAPRICORNE

VERSEAU

POISSONS

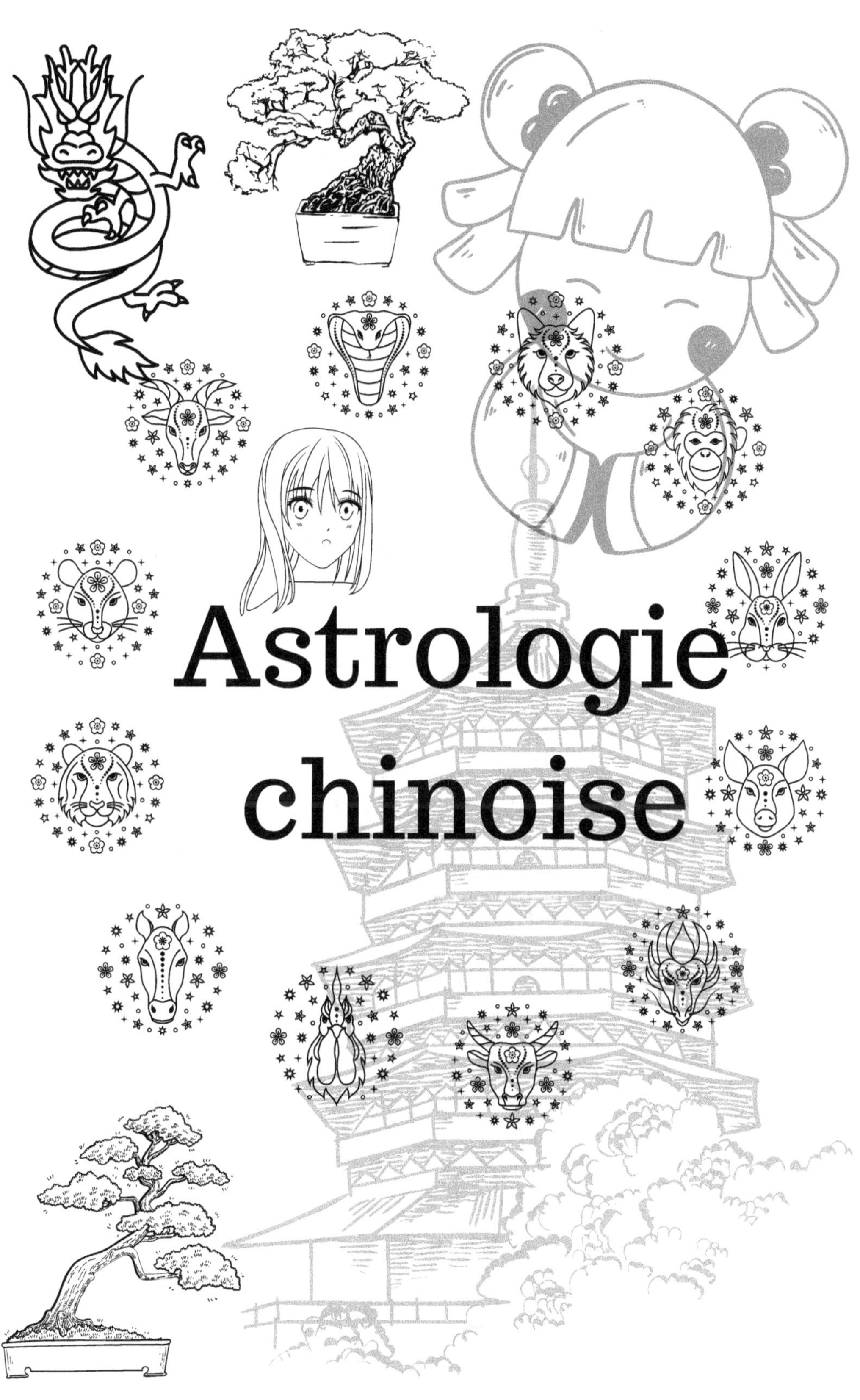

Astrologie chinoise

Animal	Années
Rat	2020, 2008, 1996, 1984, 1972, 1960, 1948, 1936...
Buffle	2021, 2009, 1997, 1985, 1973, 1961, 1949, 1937...
Tigre	2022, 2010, 1998, 1986, 1974, 1962, 1950, 1938...
Lapin	2023, 2011, 1999, 1987, 1975, 1963, 1951, 1939...
Dragon	2024, 2012, 2000, 1988, 1976, 1964, 1952, 1940...
Serpent	2025, 2013, 2001, 1989, 1977, 1965, 1953, 1941...
Cheval	2026, 2014, 2002, 1990, 1978, 1966, 1954, 1942...
Chèvre	2027, 2015, 2003, 1991, 1979, 1967, 1955, 1943...
Singe	2028, 2016, 2004, 1992, 1980, 1968, 1956, 1944...
Coq	2029, 2017, 2005, 1993, 1981, 1969, 1957, 1945...
Chien	2030, 2018, 2006, 1994, 1982, 1970, 1958, 1946...
Cochon	2031, 2019, 2007, 1995, 1983, 1971, 1959, 1947...

LE RAT

LE BUFFLE

LE TIGRE

LE LAPIN

LE DRAGON

LE SERPENT

LE CHEVAL

LA CHEVRE

LE SINGE

LE COQ

LE CHIEN

LE COCHON

MERCI